AF318321

OBSERVATIONS

SUR LE VOL DES

OISEAUX DE PROIE,

Par M. HUBER, de Genève.

Accompagnées de figures, deſſinées par l'Auteur.

A GENEVE

Chez PAUL BARDE, Imprimeur-Libraire.

M. DCC. LXXXIV.

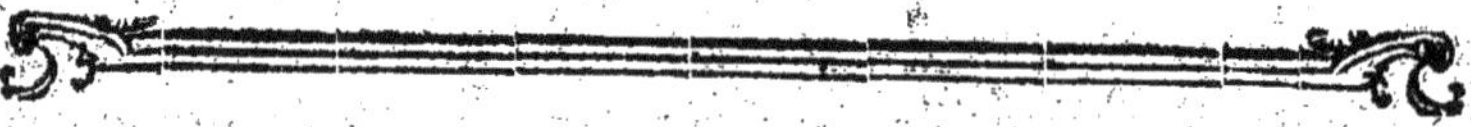

OBSERVATIONS
SUR LE VOL DES
OISEAUX DE PROIE.

Pour se faire une idée nette & précise du vol des oiseaux de proie, qui sont de tous les oiseaux ceux que la nature a le plus favorisés à l'égard du vol, il faut considérer leurs allures diverses, d'une manière propre à simplifier ces tours & détours capables d'égarer tout spectateur qu'on n'auroit pas averti de l'essentiel.

Cette manière ne peut qu'être abstraite, & pourroit par-là déplaire à beaucoup de gens, si on ne les rassuroit en leur disant d'avance que le ton méthodique ne durera qu'autant qu'il sera indispensablement nécessaire à la précision & à la clarté de l'exposition du sujet. On fera des divisions, sans prétendre par-là fixer des limites à l'infini, c'est-à-dire à la nature; qui, plus elle est observée, moins elle présente de limites absolues. On prie donc de considérer ces limites comme aussi idéales mais aussi nécessaires à l'obſervateur que le font au deſſinateur ces lignes d'attente qu'il trace ſur ſes figures pour aſſeoir ſon coup d'œil & bien aſſurer ſon enſemble, & qu'il efface quand il a fini ſon ouvrage.

Tout s'effacera de même dans l'Ouvrage dont il eſt queſtion, quand il ſera parvenu à ſon terme, ſauf ce que la nature a fixé elle-même de la manière la plus décidée. Telle eſt la diviſion toute naturelle de la claſſe des oiſeaux de proie en deux genres bien déterminés. Cette diviſion exiſte dans la configuration des aîles, dont on verra deux modèles parfaitement diſtincts & les ſeuls qu'on ait pu appercevoir dans toute cette claſſe d'oiſeaux.

On exprimera le vol de ces oiſeaux par des lignes tracées ſur le papier, à l'inſtar des cartes maritimes, militaires ou chorographiques. Ces lignes, auxquelles on ne prétend pas aſtreindre rigoureuſement les oiſeaux, ſignifient cependant aſſez pour que l'on ſoit certain que moins les oiſeaux s'en écartent, mieux ils rempliſſent l'objet de leur deſtination.

On attribuera aux divers genres des facultés en termes excluſifs, ſans prétendre pour cela qu'il y ait excluſion réelle, ce qui ſeroit contraire à la loi de la nature où tout eſt lié par nuances juſques à l'infini.

Mais la méthode, qui eſt néceſſaire pour ſe retrouver dans cette eſpèce de labyrinthe, ne nuira pas à la fidélité de l'obſervation , ſi l'on convient de termes idéaux une fois pour toutes. Par exemple , ſi l'on fixe un terme intermédiaire entre le plus haut & le plus bas degré des facultés en queſtion.

Si l'on n'attribue comme ſpécifiques que les facultés qui ſont évidemment portées aux degrés ſupérieurs à ce terme idéal ; & ſi l'on paſſe ſous ſilence les facultés qui reſteront au-deſſous dudit terme , non comme n'exiſtant pas , mais ſimplement comme inſuffiſantes pour ſpécifier.

On eſpère par cette méthode pourvoir également à la clarté & à la fidélité requiſes en fait d'Hiſtoire Naturelle.

CHAPITRE I.

Divifion de la Claffe des Oifeaux de Proie en deux genres.

L A nature elle-même a fait cette divifion, telle que la met fous les yeux la Pl. 1ere. Deux aîles totalement différentes font les modèles de toutes les aîles qui fe trouvent dans la claffe des oifeaux de proie. Les paffages d'une forme à l'autre ne fe trouvent que dans les *claffes* d'oifeaux, que les nomenclateurs appellent oifeaux, *non de proie*, lefquels font à cet égard variés peut-être jufques à l'infini.

Si l'on ofoit alléguer, accufer, ou indiquer une caufe finale de cette difpofition, l'on en propoferoit une qui n'eft peut-être pas indigne de l'efprit de la nature.

Les moyens des oifeaux de proie, limités par la conformation, paroiffent déterminer avec fimplicité les défenfes des oifeaux qui font en bute à leurs entreprifes.

Au premier afpect d'un oifeau de proie de l'un ou de l'autre genre, les efpèces timides font décidées ou à s'élever ou à refter à terre ; ce qui n'arriveroit pas, c'eft-à-dire, elles refteroient indécifes, s'il y avoit des nuances entre les moyens des oifeaux de proie ; car la vigilance perpétuelle qu'exigeroient les diftinctions à faire à chaque apparition d'un oifeau de proie, abforberoit le tems né-ceffaire aux befoins & aux convenances des efpèces timides.

D'un autre côté les efpèces timides, dont les moyens de défenfe font variés autant que leur conformation, obligent leurs ennemis à varier & multiplier leurs mefures ; ce qui peut-être eft une compenfation fuffifante pour entretenir l'équilibre entre la deftruction & la trop grande multiplication des efpèces.

Quoiqu'il en foit de cette conjecture, voici les faits.

L'aîle défignée par ces mots, Aîle Rameufe, préfente une forme découpée & propre à frapper l'air avec force & avec fréquence.

L'aîle appelée Aîle Voilière, préfente une forme large & émouffée, impropre à frapper l'air comme la précédente, mais propre, vû fa furface, à remplir l'office d'une voile.

Les battemens dont cette dernière eft capable, imitent, mais trop foiblement, les battemens de la première, pour qu'on lui attribue d'autre faculté que celle d'agir comme voile.

L'effet de l'aîle rameufe eft de vaincre la réfiftance du fluide élaftique fur lequel elle agit. L'air élaftique dans le plus grand calme, devient plus élaſtique dans un ſens quand le vent le chaſſe, & moins élaſtique dans un autre ſens.

L'aîle rameuſe, frappant contre le vent, rencontre une réſiſtance qui élève l'oiſeau à meſure qu'il avance. Mais il avance & par ſon poids ſpécifique, & par la faculté qu'a une aîle aiguë de couper le vent.

Quand l'aîle rameuſe agit vent arrière, elle ne rencontre aucune réſiſtance capable de hauſſer l'oiſeau ; elle en rencontre même beaucoup moins que lorſque l'air eſt calme; ſon effet, en ce cas, eſt de ſoutenir l'oiſeau dans la direction horizontale & de favoriſer ſa diligence, ſoit par ſes propres forces, ſoit par le ſecours du vent qui agit ſur elle ſelon que l'individu ſait la diſpoſer.

Il y a cette différence entre la rame volante & la rame navigatrice, que l'une frappe droit ſous elle & l'autre de l'avant à l'arrière.

Pour faire comprendre comment il ſe peut, qu'en frappant droit à plomb, ou verticalement ſous elle-même, l'aîle rameuſe porte l'oiſeau en avant, il faut obſerver, que le deſſous de l'aîle eſt en manière de voûte, dont la partie la plus inclinée prend de l'avant de l'aîle à la naiſſance des Pennes & Vanneaux.

Si peu ſenſible que ſoit cette voûte quand l'aîle eſt immobile, elle devient ſenſible quand l'aîle frappe l'air avec

force

force. Alors la partie folide qui borde l'antérieur de l'aîle coupe l'air pendant que le refte céde en raifon de la force du coup, & ce peu de furface inclinée, chaffant l'air en arrière plus qu'en deffous, eft caufe de la progreffion qui n'auroit pas lieu fi l'aîle étoit parfaitement plate & également ferme dans toute fa furface. (Les papillons volent en culbutant parce que leurs aîles font plates.)

Toutes les parties de l'aîle concourent à la progreffion, & les Pennes élaftiques *cédant & fe remettant auffi-tôt* portent néceffairement en avant le corps qu'elles accompagnent. Le reffort de l'air réagiffant avec plus de force encore, double les moyens de projection ; car cédant avec réfiftance pendant le fort du coup qui le frappe, il agit à fon tour pendant les intervalles des battemens, avec la force d'un reffort qui fe détend après avoir été forcé en fens contraire.

L'aîle voilière forme auffi la voûte , qui eft néceffaire à la projection par les raifons qu'on vient de lire. Mais la projection eft d'autant rallentie que les battemens font moins forts , moins fréquens, & les Pennes plus molles.

Elle ne peut même projecter horizontalement l'oifeau, que vent arrière. Les aîles font le gouvernail des oifeaux ; pour tourner à droite , l'aîle gauche bat avec force , la droite fe meut d'autant moins que le tour eft plus court

& plus entier; elle refte prefque immobile quand l'oifeau tourne fur lui-même.

On comprend affez quelles doivent être les gradations de la pirouette à la ligne droite, qui eft d'autant plus droite que le mouvement des deux aîles eft plus égal.

Quand l'oifeau plâne, il tourne fans faire aucun mouvement des aîles qui foit fenfible; dans ce cas, c'eft en baiffant un peu le côté fur lequel il tourne & en levant l'oppofé qu'il fe projecte en rond & en fpirale plus ou moins applatie.

En confidérant les deux aîles, Pl. 1ere. on obfervera que les Pennes de l'aîle rameufe font médiocrement larges dans leur milieu & fe terminent fans échancrure en pointe adoucie. Item, que les Pennes de l'aîle voilière font très-larges dans leur milieu & que les cinq principales font fortement échancrées & deviennent tout-à-coup étroites foit effilées dès l'échancrure.

L'effet de l'affemblage de l'aîle rameufe eft de couper l'air en le comprimant avec force; les pointes des Pennes ne laiffant entr'elles d'intervalles qu'à leurs extrémités, l'air eft comprimé jufques à l'extrémité de l'aîle.

Au contraire de l'aîle voilière, dont l'affemblage laiffe paffer librement l'air dès l'échancrure, par les intervalles que laiffent entr'elles cinq pointes longues & effilées.

On obſervera de plus ; que les pennes de l'aîle rameuſe ſont en général plus fermes que les pennes de l'aîle voilière. Il n'eſt pas encore tems de parler des nuances qu'il y a à cet égard ; d'aîle rameuſe à aîle rameuſe, ni d'aîle voilière à aîle voilière.

Un ſigne viſible de la fermeté des pennes (au moins quand il s'agit d'oiſeaux de proye) c'eſt la bigarrure vive & tranchée, régnant d'un bout à l'autre de chaque Penne.

On eſt aſſuré au contraire de la molleſſe des Pennes, à leur aſpect fondu & comme lavé de couleur uniformément noire dès l'échancrure à la pointe, & de couleur blanchâtre preſque uniforme dès l'échancrure à la naiſſance des pennes.

Il ne s'agit pas ici d'entrer dans le détail de l'organiſation commune à tout ce qui vole : cette connoiſſance eſt ſuppoſée acquiſe, ou peut l'être en liſant Borelli, *de motu animalium*, & nommément *de volatu*.

On ne s'eſt propoſé ici que de faire obſerver ce qui influe le plus ſenſiblement ſur le vol de chacun des deux genres qui compoſent toute la claſſe des oiſeaux de proie ; & la coupe des ailes ayant pû ſuffire pour rendre raiſon des différentes manières de voler de ces deux genres ; on cède l'honneur de mieux approfondir à des hommes plus capables, & l'on ſe contente de les avoir mis ſur les voies qu'on a lieu de croire les plus ſures.

B ij

Explication des autres objets que présente la Planche I.

Les têtes d'oiseaux & les serres sont représentées & placées dans les cathégories où elles doivent être. Ainsi les oiseaux rameurs ont constamment les yeux noirs & les becs dentelés à la pointe. *Item*, les oiseaux voiliers ont constamment les yeux clairs & les becs à pointe sans dentelure.

Quant aux mains , serres ou griffes des oiseaux de proie, il s'y rencontre quelques nuances qui empêchent qu'on ne puisse généraliser aussi décidément qu'on a pu le faire à l'égard des ailes, des yeux & des becs.

En général, les oiseaux rameurs ont les doigts longs & déliés, & leurs pouces sont allongés & déliés à-peu-près autant que le plus court des doigts.

En général, de même, les oiseaux voiliers ont les doigts plus courts, moins déliés, & les pouces plus renforcés & plus courts que le plus court des autres doigts.

Mais comme il est dans les deux genres des nuances de noblesse (qu'on passe le terme en attendant son explication), il y a beaucoup de distinctions à faire par rapport à la longueur des doigts. Les oiseaux les plus nobles ont les doigts les plus longs. Tous les ignobles ont les doigts courts & gros.

Tout est noble dans la nature, excepté ce qui s'en écarte ou qui est monstrueux. Ainsi les mots *noble* ou *ignoble* sont relatifs aux fantaifies ou aux convenances de ceux qui les emploient. Ceux, par exemple, qui defireroient par-deffus toutes chofes la deftruction des reptiles, trouveroient la Bufe plus noble que le Faucon. Le développement de cette penfée appartient à un tout autre genre d'ouvrage.

On fera fort furpris de ne point trouver ici les queues des oifeaux de proie. Plufieurs raifons ont empéché d'en faire mention dans cet expofé ; la premiere, c'eft que les queues varient avec les efpeces, ce qui eût embarraffé le texte d'exceptions & de diftinctions trop fréquentes.

La feconde, c'eft qu'on a obfervé que la queue ne fert pas, comme on l'a cru fur la parole de quelques anciens, de gouvernail à l'oifeau pour fe tourner de côté ou d'autre, mais feulement de fecours pour monter ou defcendre, ce qui fera développé ailleurs.

La troifieme, c'eft qu'après avoir vu, tout comme l'a vu de fon côté Borelli, les oifeaux privés de leur queue par quelqu'accident, exécuter tous les mouvemens auxquels on avoit cru la queue néceffaire, on a cru pouvoir envifager cette partie plutôt comme une furabondance de moyens, que comme une partie d'abfolue néceffité.

Quel que foit le mérite de ces trois raifons, on fera mention de la queue en traitant de chaque efpece particuliere.

Résumé des caractères qui fondent ou qui forment la division des Oiseaux de Proie.

Caractères décidés des Rameurs.
{ Aîle rameuse.
Oeil noir.
Bec dentelé. }

Item des Voiliers.
{ Aîle voilière.
Oeil clair.
Pointe sans dentelure. }

Caractères sujets à exception.
{ Main liante. }

Item.
{ Serre comprimante ou griffe chez les plus ignobles. }

NOMENCLATURE.

Placée ici par anticipation pour expliquer les termes étranges de Voiliers & de Rameurs, & pour donner une idée des especes primitives & du rang qu'elles doivent occuper dans la classe générale des oiseaux de proie, selon les caracteres indiqués à la planche 1, ainsi qu'à la 6.

On n'a garde de rien changer aux noms consacrés par les experts en fauconnerie. Mais on conteste aux nomenclateurs l'emploi qu'ils ont fait de certaines dénominations. Discuffion qui exigeant trop de tems fera placée dans un commentaire qu'on trouvera dans le corps de l'ouvrage , & l'on fe contentera ici de ranger les oifeaux connus de la maniere la plus cathégorique , & d'indiquer les doutes fur l'emploi de quelques noms.

Claffe des Oifeaux de Proie.

RAMEURS & VOILIERS.

1°. *Rameurs.*   { Ce font les oifeaux de haute volerie.

2°. Voiliers.   { Saillans. Ce font les oifeaux de baffe volerie.
Communs. Ce font les oifeaux prétendus ignobles.

Oifeaux de haute Volerie.

1°. Gerfaut.   { D'Irlande.
De Norvege.

2°. Sacre.   { Sacre.
Lanier.
Alphanet , foit Lanier de Tunis.

3°. Faucon *& variétés mal déterminées.*

4°. Alethe , *oifeau apporté du nord de l'Afrique.*

5°. Hobereau , *fans variété connue.*

6°. Emerillon. *Deux variétés encore anonymes.*

7°. Crefferelle. *Seul oifeau de cette claffe , décidément ignoble. On a lieu de lui préfumer des variétés en d'autres climats.*

Oiseaux de basse Volerie.

1°. Autour. *Deux variétés encore anonymes, la différence étant connue de peu de gens de l'art.*

2°. Epervier. *Plusieurs variétés indéterminées, dont la plupart accidentelles plutôt que spécifiques.*

Oiseaux prétendus ignobles.

1°. Aigle. { Fauve. / Noir. / Doré.
        Et autres variétés indéterminées.

2°. Vautour. Ignoble décidé. Charognier, à peine oif. figurant comme oifeau de proie. { Grand cendré. / Brun médiocre. / Perenoptere & variétés étrangeres.

3°. Orfraye, foit Aigle de mer.

4°. Balbuzard, foit Aigle pêcheur.

5°. Milan. { Noir. / Roux.

6°. Bufe. { Grife. / Noire. / De marais.

7°. Harpaye. { Fau-Perdrieu. / Soubufe. / Jan-le-Blanc. / Oifeau Saint Martin.

N. B. On verra au Commentaire ce qu'il faut croire de ces quatre noms.

Subdivisions

Subdivision des Oiseaux de haute Volerie en trois genres.

1°. Gerfauts & Emerillons. Caractères. Aîles sensiblement plus courtes que la queue, en état de repos.

2°. Sacres & Cresserelle. Caractères. Aîles très – longues, sensiblement dépassées par la queue.

3°. Faucons & Hobereaux. Caractères. Aîles égalant & dépassant la queue.

Quant aux Oiseaux de basse Volerie, les deux espèces ne font qu'un genre. Caractères. Aîles très – courtes. Queues très-longues. Grande prise. Œil très – clair. Pennage très-bigarré, du bout de l'aîle à sa naissance.

Caractères divers des ignobles.

1°. Aigles. Jambe emplumée jusques sur les doigs, caractérise aigle tout individu anonyme, si petit qu'il soit.

2°. Vautour. Le bec droit, alongé, recourbé seulement à la pointe, caractérise vautour, indépendamment d'autres caractères moins décidés, tout anonyme, si petit qu'il soit.

3°. Orfraye & Balbuzard. Tout oiseau dont l'intérieur des mains est couvert d'écailles pointues & fermes, en guise de rape.

4°. Milan. Tout oiseau dont la queue est fourchue, en queue d'hirondelle, ayant d'ailleurs les caractères communs aux oiseaux de proie.

C

5°. Bufe. Tout oiſeau ignoble qui n'a ni les caractères de l'aigle, ni ceux du vautour, ni ceux du milan.

6°. Harpaye. Tout oiſeau qui, ainſi que ceux de baſſe volerie, aura les aîles courtes & la queue longue, mais en différera par la petiteſſe & la foibleſſe de la priſe.

Caractères qui, en attendant plus ample diſcuſſion, ſeront ſuffiſans pour pouvoir claſſer tout individu connu ou inconnu, ſans riſquer de grands écarts.

CHAPITRE II.

Autres moyens.

LE poids, spécifique, ou relatif aux dimensions des aîles en raison du corps, est nécessaire à la progression des oiseaux contre le vent. Les oiseaux, que j'appellerai Rameurs, & qui sont comme on vient de le voir les oiseaux de haute volerie, pèsent plus dans l'air que les oiseaux voiliers ; tant par leur poids spécifique plus considérable chez les rameurs, proportions gardées, que chez les voiliers, que par leur poids relatif aux dimensions des aîles. Aussi les rameurs sont-ils les seuls qui ayent la faculté de voler en s'élevant de droit fil contre le vent ; c'est à ce point d'appui dans l'espace, ou à cette sorte de lest, qu'ils doivent la faculté de ramer avec fermeté & avec fréquence. C'est aussi au poids qu'ils doivent leur vitesse ; mais c'est à certaines conditions, qui modèrent leurs avantages sur les oiseaux voiliers. Ces conditions seront exposées dans peu. La légéreté spécifique, ou relative aux dimensions, donne aux voiliers la faculté de se hausser avec une aisance supérieure ; ils peuvent, en ne faisant que se prêter au vent, s'élever aux plus grandes hauteurs fans autre travail que le foin de difpofer leurs voiles felon le befoin. Mais ils ne peuvent ni voler de droit fil en fe hauffant contre le vent, ni fendre les airs avec une viteffe approchante de celle dont les rameurs font capables ; leurs moyens pour remplir le but de leur deftination feront expofés à leur tour.

Conditions auxquelles *font affujettis les Oifeaux de Proie Rameurs.*

Si le point dans les airs, auquel un rameur veut parvenir, fe trouve être à fon zénith, le rameur eft néceffité à prendre fa route dans le vent, & à la pourfuivre jufques-à-ce qu'il foit au niveau du point defiré. Alors feulement il devra tourner queue & vifer en droiture audit point. Voyez *Planche II*, *fig.* 1. Ce n'eft pas qu'à de très-petites diftances les rameurs ne puiffent fe hauffer vent arrière, mais c'eft par un tel effort qu'il leur feroit impoffible d'y tenir long-tems. Auffi, plus l'efpace à parcourir eft vafte, moins les oifeaux s'écartent de la règle, & l'on y voit bien vîte r'entrer ceux qui s'en étoient écartés d'abord, dès-que l'entreprife eft de plus longue haleine qu'ils ne l'avoient crue au commencement. On verra dans un ouvrage plus étendu des exemples de ces fortes de redreffemens.

Si au lieu d'être au zénith, le point defiré fe trouve

être au-deffus du vent du zénith, affez pour que la montée ne foit pas trop rapide , ce point fuppofé fixe comme feroit le fommet d'un roc , le rameur parviendra en droiture à ce point. Voyez *Pl. II* , *fig.* 2.

Si le point en queftion n'eft pas fixe , fi par exemple le rameur entreprend d'atteindre un voilier ; comme le voilier fait fa diligence vent arrière , s'il n'eft déja fous le vent du zénith , mais pouvant y être en peu de tems , le rameur pouffera fa carrière dans le vent jufques-à-ce qu'il ait acquis non-feulement le niveau du voilier , mais encore un certain efpace au-deffus de ce niveau. Sachant par inftinct que la vîteffe en defcendant, fi peu fenfiblement que ce foit vent arrière , regagne & au-delà le tems employé à monter dans un fens du vent pendant que la proie s'éloigne dans le fens contraire. Voyez *Planche II*, *figure* 3.

Pour mefurer les vîteffes , il faudroit des inftrumens que l'Auteur n'a pu fe procurer ; mais à vue-d'œil , il eftime la vîteffe de la courfe horizontale du rameur vent arrière , triple , de celle que ledit rameur emploie à diftance égale en faifant fa carière dans le vent.

Si la courfe vent arrière eft tant foit peu inclinée , on l'eftime à-peu-près le double de la vîteffe de la courfe horizontale. On pourroit ainfi graduer les vîteffes , depuis celle de la courfe horizontale à celle de la defcente verticale , avec une précifion dont l'Auteur ne fe pique pas.

Mais il fait feulement que la defcente verticale , nommée avec raifon foudroyante , exige environ cent fois moins de tems que la carière pouffée jufques à la hauteur d'où elle part. Que par exemple d'une hauteur qui a coûté cent fecondes , la defcente verticale en coûte une , & c'eft ce que les gens du métier éprouvent tous les jours.

On appelle carière , l'efpace parcouru en montant dans le vent.

La carière eft plus ou moins rapide , mais elle n'excède guères l'inclinaifon de 45 degrés , & ce n'eft même que dans une entreprife de très-courte haleine qu'un rameur la fait auffi rapide. Plus elle doit être étendue , plus le rameur en modère la rapidité ; ainfi l'angle de 30 degrés eft l'angle ordinaire dans les entreprifes de longue haleine. Encore faut-il que le vent foit paffablement fort , que l'individu foit doué d'une torce de reins & d'une doze d'haleine diftinguées par un calme parfait en apparence. La carière ordinaire fera de 15 à 20 degrés au plus. L'on a dit en parlant du calme , parfait en apparence , parce que , fi parfait qu'il nous paroiffe , les oifeaux y diftinguent une direction de l'air qui échappe à nos fens , & qu'ils nous font appercevoir par le parti qu'ils prennent de voler dans un fens plutôt que dans un autre ; (ce dont on feroit encore plus convaincu fi on lâchoit dans le même inftant plufieurs oifeaux de proie rameurs ; fuffent-ils au nombre de mille , tous prendroient la même direction).

On appelle degré, l'eſpèce de repos que prend le rameur avant de commencer une autre carière. Il conſiſte à voler de niveau la queue au vent, plus ou moins long-tems ſelon les circonſtances. Puis, ſelon l'exigence du cas, il recommence une carière nouvelle. Ainſi, de carière en degré, de degré en carière le rameur s'élève à des hauteurs où les meilleures lunettes ne peuvent le ſuivre. Voyez *Planche II*, *fig.* 4. On a déjà dit que le rameur pourroit en faiſant un effort conſidérable monter ayant le vent arrière; mais que ne pouvant ſoutenir long-tems un tel effort, il n'eſſaye de déroger à la règle que lorſqu'il s'agit d'une ſurpriſe à bout touchant; paſſé cette eſpèce de ſaut, il r'entre dans la règle & s'en écarte d'autant moins que l'entrepriſe eſt de plus longue haleine.

Il eſt des rameurs qui font toute l'expédition d'une ſeule carière; ceux là ſont les plus aviſés, par les raiſons qu'on expoſera dans la ſuite.

Avant de mieux développer les principes des rameurs, on expoſera l'eſſentiel de ceux des voiliers.

CHAPITRE III.

Emploi des moyens des Oiseaux de Proie Voiliers.

QUAND un voilier doit atteindre un point fixe au-deſſus du vent, le vent lui eſt contraire, parce qu'il n'a pas les moyens du rameur pour le percer de droit fil en montant. On ſuppoſe ici, qu'il ait à traverſer un eſpace égal à celui dont la *fig.* 2, *Pl. II.* préſente un exemple. Au lieu d'y parvenir en droite ligne comme a fait le rameur, il y arrive par bordées (ſoit dit en termes de navigateurs). La légéreté ſpécifique & relative aux dimenſions rend le voilier inhabile à forcer le vent.

Ses voiles déployées, le vent le pouſſe en arrière tout en le hauſſant, & l'éloigneroit toujours plus du but, s'il ne fermoit les aîles pour donner tête baiſſée dans le vent, dans lequel ce qu'il a de poids ſpécifique ſuffit pour le faire pénétrer en plongeant. En alternant ainſi l'expanſion & le reſſerrement de ſes voiles, il parvient au but, mais plus lentement que n'a fait le rameur, qui a ſuivi la route la plus courte. *Pl. III*, *fig.* 1.

Le voilier a un autre parti à prendre, qui revient
à-peu-

à-peu-près au même; c'eſt de ſe laiſſer aller au vent, qui en le faiſant dériver le hauſſe à un tel point qu'il n'ait plus qu'à plonger pour atteindre en droiture le point donné. Voyez *Pl. III*, *fig. 2.*

On eſt parvenu par artifice à faire entreprendre certains oiſeaux de proie voiliers par certains oiſeaux de proie rameurs, & c'eſt par ce moyen qu'on a pu comparer les facultés des uns & des autres. Voyez l'exemple qui ſuit.

CHAPITRE IV.

Premières dispositions d'une entreprise d'un Oiseau de Proie Rameur sur un Oiseau de Proie Voilier.

PENDANT que l'oiseau de proie voilier aidé par le vent se hausse avec aisance, le rameur parcourt avec effort des carrières dans le vent de droit fil, ces carrières haussent l'oiseau beaucoup plus qu'en sens oblique ; & ce n'est que lorsqu'il n'a pas le choix qu'un rameur fait sa carrière à mi-vent, quart-de-vent, &c. &c. &c. & s'éloigne du voilier, qui de son côté détale à vau le vent.

Le tems que le rameur paroît perdre en s'éloignant ainsi de son objet, est racheté avec usure par la vîtesse avec laquelle il parcourt l'espace dès-qu'il n'a plus à faire qu'à se lâcher au vent.

Cependant, si le voilier s'avise de se hausser à mesure qu'il voit le rameur monter au-dessous de lui, les forces & l'haleine du rameur pourroient ne pas suffire à mettre l'entreprise à fin. Voyez *Pl. III, fig.* 3.

Si l'on pouvoit s'étendre ici sur le moral comme sur le physique, on donneroit des exemples de tous les expédiens qu'employent les rameurs en de pareilles occasions.

On se contentera de faire voir comment un rameur devenu routé par l'expérience fait prévenir ces sortes d'incidens. En attendant on expliquera ce que c'est que l'avantage néceſſaire dans toute entreprise d'un oiſeau de proie ſur quel genre d'oiſeaux que ce ſoit. Il conſiſte 1°. à gagner le deſſus du vent, 2°. la hauteur.

Dans le cas d'une entreprise d'un rameur ſur un voilier, la première condition eſt aiſément remplie, puiſque le voilier en détalant comme il fait à vau le vent donne le deſſus du vent à ſon ennemi. Mais la ſeconde, ſavoir la hauteur, fait la grande difficulté.

Car ainſi qu'on l'a vû, le voilier ne fait aucun travail pour ſe hauſſer, & le rameur au contraire fait les plus grands fraix en haleine & en forces.

En montant par carrières multipliées au-deſſous du voilier qui le voit venir, il ne tient qu'au voilier de pouſſer à bout ſon adverſaire en ſe hauſſant à meſure comme on l'a dit ci-deſſus. Le rameur mieux routé par expérience, au lieu de monter par carrières multipliées au-deſſous du voilier, va d'une ſeule carrière chercher au plus haut des airs une telle ſurabondance de hauteur, qu'il commande pour ainſi dire toute la ſphère des incidens poſſibles ; dans ce cas le voilier raſſuré par la feinte retraite du rameur continue ſa route ſans trop ſe hauſſer ; la diſtance prodigieufe où il peut fe trouver de fon adverfaire ne le garantit pas de fes atteintes parce que l'exceflive hauteur où fe trouve alors le rameur rend fa defcente rapide au point d'anéantir l'effet des diftances qu'il peut y avoir entr'eux en pareil cas. *Voyez pl. III. fig.* 4. C'eft un exemple fimple de la première atteinte à certaine diftance.

CHAPITRE V.

Des Reffources.

A cette première atteinte, l'entreprife peut être terminée, & c'eft ce qui arrive quand le voilier eft fans défiance ; le rameur le faifit, (le lie ou met à la main) puis l'amène, en culbutant avec lui jufques à terre, où il achève de le mettre hors de combat & en fait fa pâture.

Mais le plus fouvent le voilier voyant porter fur lui avec cette furie, efquive par un leger mouvement de côté, & le rameur emporté par fa propre vîteffe iroit enfin toucher terre & s'y fracaffer, *voyez planche III, fig.* 4, s'il n'ufoit de certaine faculté qu'il a de s'arrêter au plus fort de fa vîteffe, & de fe porter droit en haut, au degré néceffaire pour être à portée de faire une feconde defcente.

C'eft ce qu'il exécute en r'ouvrant tout-à-coup fes aîles qu'il tenoit ferrées pendant fa defcente. Ce mouvement fuffit, non-feulement pour arrêter fa defcente, mais encore pour le porter fans qu'il faffe aucun effort auffi haut que le niveau d'où il eft parti. On appelle cette montée paffive, *une reffource*, du latin *refurgere*. Le tout enfemble, c'eft-à-dire la defcente & la reffource , s'appelle une paffade ; ce qui fait à l'œil à-peu-près l'effet du balancement de l'efcarpolette. Voyez *Planche IV* , *fig.* 1.

Il faut quelquefois plufieurs paffades, & fouvent même plus d'une centaine de paffades avant d'obtenir le fuccès. Dans ce cas , il n'eft pas fi étonnant qu'on pourroit le croire que le rameur foutienne un travail auffi long. Car fût - il prêt à être hors d'haleine avant de faire la premiere paffade, il eft remis en haleine par ce mouvement, au point de pouvoir le répéter fans ceffe une heure durant, fans fe fatiguer autant qu'en faifant une carrière de médiocre étendue.

Le voilier d'un autre côté cherche à prendre fon tems pour gagner un nouveau degré de hauteur, au-deffus de la portée des reffources , & il en vient à bout fi le rameur ne preffe les paffades coup-fur-coup. Alors il faut que le rameur entreprenne de nouvelles carrières , ce qui quelquefois le rebute, enforte qu'il quitte la partie pour n'y plus revenir, & le voilier détale à fon aife , libéré de toute pourfuite au moins pour cette occafion.

Une autre rufe du voilier, c'eft de faire durer le combat jufques à l'approche de quelques lieux propres à lui fervir d'azyle ; en ce cas il prend fon tems & s'y jette foudain, ce qui déconcerte fans retour les mefures du rameur.

On eft étonné de la promtitude avec laquelle un voilier

dont le vol ordinaire eſt lâche comparé à celui du rameur, eſquive les paſſades. C'eſt préciſément la molleſſe de ſon vol qui le rend maître de ſes mouvemens. On verra qu'il eſt des rameurs, *non de proie*, que leur vîteſſe extrême rend incapables d'eſquiver les paſſades.

Il n'eſt pas encore tems de s'étendre ſur cet article ; il s'agit actuellement de donner des exemples d'entrepriſes d'un tout autre genre.

CHAPITRE VI.

Entreprises d'un Rameur oiseau de proie sur Rameurs non de proie.

On a vu que dans les entreprises d'un rameur sur un voilier, l'avantage du dessus du vent se trouve acquis en grande partie parce que le voilier le cède tout naturellement.

Ici c'est tout le contraire; & pour peu que le rameur, *non de proie*, ait d'avance au-dessus du vent, il ne tient qu'à lui de conserver l'avantage & de se libérer de la poursuite actuelle.

J'appellerai pigeon le rameur non de proie, & faucon le rameur oiseau de proie, & c'est effectivement le cas de ces deux espèces.

Le pigeon, pour peu qu'il ait d'avantage au-dessus du vent, n'a donc qu'à suivre constamment sa route dans le vent, sans avoir même besoin de se hausser davantage pour échapper à tous les efforts du faucon parti du point *A.* Voyez *Pl. IV*, *fig.* 2.

Les pigeons de toute espèce sont excellens rameurs, & volent même en plusieurs sens mieux que nul autre genre. Ils seroient imprenables s'ils n'étoient sujets à perdre courage.

Les

Les oiſeaux de proie ſont avertis, par leur inſtinct, de cette diſpoſition naturelle des pigeons. Le faucon donc, en partant de ſon poſte, & voyant quelqu'aſyle ſur la route que prend le pigeon, s'attend à voir le pigeon ſe jetter dans cet aſyle. Et voici une manœuvre dont on a eu de fréquens exemples. Il renonce à l'impoſſible, qui eſt de gagner le vent au pigeon; il ne cherche pas même à atteindre le niveau de ſa route; mais il s'élève autant qu'il le faut pour n'avoir plus qu'à ſuivre une route inclinée, ce qui double au moins ſa vîteſſe, & lui fait dévancer le pigeon qui s'efforce en ſens horiſontal. Maître de le dévancer en volant ainſi à la deſcente, il ſe retient un peu en arrière, pour voir filer le pigeon ſur l'aſyle & le couper à l'entrée. Voyez *Pl. IV*, *fig.* 3.

Il arrive quelquefois qu'un pigeon plus futé que d'autres, ne file ſur l'aſyle qu'après s'être vu dépaſſé par l'oiſeau de proie. Mais le faucon futé, de ſon côté, feint en dépaſſant l'aſyle de deſcendre ſur quelqu'autre proie. Le pigeon trompé par cette feinte, file en aſſurance, pendant que le faucon achève ſa paſſade & du ſommet x de ſa reſſource coupe le pigeon en M par un coup de revers. Voyez *Pl. IV*, *fig.* 4.

Ces deux cas ont été obſervés, tant au moyen d'oiſeaux dreſſés, qu'au moyen d'oiſeaux nourris en liberté & laiſſés quelque tems en état de nature, comme on le verra dans un Ouvrage qui ſuivra celui - ci.

E

Il eſt d'autres cas où l'oiſeau rameur ſe trouve poſté avec un avantage très - conſidérable ; par exemple, à une ſoixantaine ou centaine de toiſes au-deſſus dé la traverſée des pigeons. Il peut alors faire avec ſuccès une belle deſcente ; mais s'il porte à faux, il eſt rare qu'il ſoit à même de récidiver. Il n'en eſt pas de même ſi des canards ſauvages, (rameurs par excellence, mais ſi vites qu'ils ne peuvent eſquiver) viennent à paſſer à cinquante ou ſoixante toiſes au-deſſous d'un faucon. Car alors une deſcente, pour peu qu'elle touche, met le canard hors d'état de continuer ſa route. Il ſuffit même qu'il veuille eſquiver pour déranger ou rompre ſon mouvement. On verra ailleurs le développement de toutes ces diſpoſitions.

Il convient avant d'aller plus loin , de préſenter des objets de comparaiſon, pour s'exprimer au moyen des contraſtes.

CHAPITRE VII.

Oiseaux de Proie de la classe des Voiliers mais distingués sous le titre de Voiliers saillans.

ON a choisi ce nom de voiliers saillans, pour l'appliquer à certains oiseaux distingués des autres voiliers, par la faculté que leur donne une conformation particuliere de faire dans un court espace une diligence extraordinaire, par une espèce de saut dont les voiliers communs sont absolument incapables.

Les ailes de ces oiseaux, quoique parfaitement voilières par leur coupe, sont cependant beaucoup plus fortes que les voilières communes, & cette force est due aux muscles des individus & à la consistance des pennes, lesquelles sont bigarrées, contre l'ordinaire des pennes voilières.

Toute l'habitude du corps de ces oiseaux annonce la promtitude dont ils sont capables. Ils sont très-élancés, & cependant membrés très-fortement. Ils ont la tête petite & le col effilé, les épaules & les reins larges, quoique ramassés dans leur contenance ; leurs ailes sont très-courtes, leurs queues passablement longues, leurs cuisses longues & charnues, ainsi que leurs jambes hautes & nerveuses, puis leurs serres ou-

E ij

vertes, fortes & déliées. Tout annonce l'aptitude au faut.
Au tact, leur corps a plus de confiftance que celui des voiliers
communs, quoiqu'il en ait moins que celui des rameurs.
Leurs mouvemens font brufques, vigoureux & leftes : ils
fe remettent adroitement, étant attachés fur le poing ou
fur la perche, au lieu que les voiliers communs pendent
à la perche, & débattent avec la molleffe d'oifeaux mouillés.

Auffi leur départ au faut eft-il auffi promt que l'éclair.
Le faut paroît compofé d'un élancement qui part de la
plante des pieds, puis d'une forte & brufque contraction
des ailes, & fon effet paroît dépendre pour l'ordinaire de
la pofition. Il s'effectue de plufieurs manières, de bas en
haut, de niveau, & de haut en bas. Le faut montant exige
le plus d'effort, & ne porte que fix ou fept toifes. Le faut
de niveau en avant n'exige guère moins d'efforts, & ne
porte guère plus loin. Le faut plongeant, qui eft le plus
ordinaire, exige moins d'effort que les précédens, parce
que l'oifeau s'abandonne en partie à fon poids & au reffort
qui le relève, comme on l'a vu aux paffades des rameurs.

La différence qu'il y a cependant du faut à la paffade eft
très-grande par fon intention ainfi que par fon réfultat. On
a vu que la paffade reporte à fa hauteur le rameur qui vient
de manquer fon coup en effleurant fa proie. Le faut porte
l'oifeau en remontant droit à fa proie, qu'il prend alors
par-deffous, & c'eft ce qui s'appelle trouffer.

Le faut montant a lieu quand la proie vient paſſer par deſſus l'oiſeau, à la portée dé ſon reſſort. Il en eſt de même du ſaut en avant. Mais le ſaut plongeant eſt le plus ordinaire, & il porte plus ou moins loin, ſelon la hauteur d'où il part. La courbe qu'il décrit a preſque toujours la même figure, & ne diffère que par l'étendue. Ainſi la courbe qui part du haut d'un arbre eſt ſemblable ſans être égale à celle qui part du poing d'un homme à pied. Du haut d'une montagne eſcarpée, le ſaut peut porter à un demi mille. Ce ſeroit trop charger la mémoire des lecteurs que de parler à préſent de toutes les variantes que la pratique fait appercevoir, & qui ne ſont ſenſibles chez les oiſeaux aſſervis que lorſque les ſujets ont des qualités extraordinaires.

Le ſaut fait avec ou ſans ſuccès, l'aile rendue à ſon état de voilière n'eſt plus capable d'aucune viteſſe, & ne ſert qu'à plâner.

Il eſt encore un moyen que les voiliers ſaillans n'emploient que dans certains cas, c'eſt le vol à tire d'ailes en droite ligne. Ces oiſeaux entreprennent à tire d'ailes le gibier qu'ils jugent aſſez foible pour ne pouvoir leur échapper de cette maniere. Ils entreprennent auſſi à tire d'ailes du haut en bas, & ſont alors d'une viteſſe extrême tant que dure là deſcente en ligne droite ; mais pour peu que la proie s'élève en tournoyant, ils renoncent à l'entrepriſe.

Dans le cas où ni le ſaut, ni le vol à tire d'ailes ne peuvent avoir lieu, ces oiſeaux s'élèvent comme les voiliers communs, pour revoir la proie qui eſt partie hors de leur portée. De certaine hauteur ils la revoient au loin, marquent ſa remiſe, & s'y portent à leur aiſe, ſe plaçant alors à portée d'employer leur grand moyen, le ſaut.

Les meilleurs poſtes ſont les arbres les plus voiſins de la remiſe : à leur défaut ce ſont les pointes des buiſſons, & enfin le ſol : mais alors ce doit être ſi près du corps de la proie, qu'il puiſſe la ſaiſir au moindre mouvement & avant qu'elle ouvre les ailes.

Ce ſeroit faire un cours d'Autourſerie que s'étendre davantage. C'en eſt aſſez pour la teinture à laquelle ſe borne ce précis.

CHAPITRE VIII.

Remarques sur les attributions exclusives.

On a eu soin de prévenir les lecteurs dès le commencement sur les attributions, telles qu'une scrupuleuse observation peut les admettre. Celle qui suit fera voir qu'il est dangereux de prononcer trop exclusivement. Après ce qu'on a vu des facultés physiques des rameurs & des voiliers, on seroit tenté de décider qu'il y a dans la conformation des derniers un obstacle invincible à faire certains mouvemens dans les airs. On feroit même là-dessus, comme sur la dent d'or, des dissertations très-savantes; mais par le fait, il se trouve que les voiliers peuvent faire à un certain point les mouvemens que font les rameurs. C'est ce dont on est convaincu, lorsque l'on est témoin des jeux que font entr'eux les voiliers, sur-tout dans leur jeune âge. Ils se gagnent tour-à-tour, & le dessus du vent, & la hauteur : ils font des descentes très-vives les uns sur les autres ; ils font aussi des ressources qui figurent comme celles des oiseaux de haute volerie.

Quand on a vu cela, l'on donne volontiers dans l'excès contraire, & l'on dit que les voiliers font aussi capables que les rameurs de faire avec succès des entreprises dans les airs , & l'on se tromperoit encore tout autant que dans l'autre opinion.

Les facultés des voiliers sont suffisantes pour gagner l'avantage à leurs semblables, qui le leur cèdent & se prêtent à leur fantaisie ; mais elles ne suffiroient pas, ni à beaucoup près , pour gagner le moindre avantage dans les airs sur des oiseaux qui n'auroient garde de les céder. L'instinct les avertit de cette insuffisance : & si dans leur première jeunesse ils font quelque tentative semblable à celles qui sont du ressort des rameurs , ils s'en corrigent pour tout le reste de leur vie.

Ainsi l'attribution , modifiée par le correctif convenu, subsiste dans son entier , & s'accorde avec l'intention que la nature paroît avoir eue dans la destination des genres d'oiseaux de proie , telle qu'on la verra au chapitre suivant.

CHAPITRE

CHAPITRE IX.

Deſtinations des divers genres d'Oiſeaux de Proie.

LES oiseaux de proie qu'on a nommé *rameurs*, & qui ſont les oiſeaux de haute volerie, ſont deſtinés à entreprendre, pourſuivre, atteindre, ſaiſir ou abattre, à quelle hauteur que ce ſoit, les oiſeaux qui traverſent les airs. Accidentellement ils font leur proie de certains quadrupèdes & de certains oiſeaux bien en vue ſur un ſol uni.

Mais, attendu qu'en cela ils dérogent à leur deſtination principale, ces cas n'entrent pas en ligne de compte.

Les oiſeaux nommés voiliers ſaillans, qui ſont les oiſeaux de baſſe volerie, ſont deſtinés à faire leur proie de tous les oiſeaux qui volent près de terre & en droite ligne, ainſi que de ceux qui ſe réfugient dans le fourré. Ils ſont auſſi deſtinés à faire leur proie de certains quadrupèdes. Accidentellement ils ſe rendent maîtres, à force de ruſes, des oiſeaux qui paroiſſent le moins à la portée de leurs facultés phyſiques.

Les oiſeaux qu'on a nommés voiliers communs, & qui ſont appelés ignobles par les fauconniers, ſont deſtinés à faire leur proie des créatures de leur compétence, qui ne quittent pas le fol ou la furface des eaux. Cette proie compétente confifte en certains quadrupèdes, prefque tous les reptiles, & plufieurs efpèces de poiffons. Quelques efpèces de voiliers communs font bornés aux charognes. Accidentellement les voiliers communs font leur proie d'efpèces volantes. Dans les cas fuivans : 1°. d'oifeaux trop jeunes pour voler ; 2°. d'oifeaux qui volent encore en novices ; 3°. d'oifeaux chargés de quelque fardeau ; 4°. d'oifeaux acharnés à fe paître ; 5°. d'oifeaux bleffés ou amortis par accident ; 6°. d'oifeaux mouillés par le bain, ou toute autre caufe ; 7°. d'oifeaux déroutés par la fervitude, & devenus, contre leur nature, téméraires ou indolens. Hors ces cas, s'il arrive que des voiliers communs s'évertuent jufqu'à faire leur proie de quelques efpèces volantes, c'eft fi rare que cela ne doit pas compter comme étant une fuite de la deftination fpéciale.

N. B. Les voiliers s'élèvent cependant auffi haut que les rameurs, mais on ne doit confidérer comme oifeaux de haute volerie, que ceux qui font deftinés fpécialement à entreprendre, pourfuivre, atteindre, faifir ou abattre, à quelque hauteur que ce puiffe être, les oifeaux qui traverfent les airs.

CHAPITRE X.

Extention de ce qui a été dit sur les moyens des Rameurs.

On a vu ce que c'est qu'une passade, & l'on se souvient que ce mot exprime tout-à-la-fois la descente & la ressource. Il reste à étendre ce qu'on a dit des ressources. Elles portent plus ou moins haut, selon la hauteur d'où sont parties les descentes, & aussi selon la force du mouvement imprimé en descendant. Voyez *Planche V*, *fig.* 2. On a nommé improprement pointes, cette partie des passades qui retourne en hauteur, & qu'on a mieux nommées ressources, parce que le mot *resurgere* suppose une descente antérieure.

On appliquera mieux le mot pointe, quand il s'agira d'exprimer cet élan machinal, vers le haut, qui suit une carrière véhémente, ou même une simple course horisontale. On comprendra plus aisément comment une course horisontale, parcourue avec la plus grande véhémence, peut être terminée par une pointe, qu'on ne le comprendra d'une pointe qui succède à une carrière.

Il n'arrive effectivement qu'une carrière aboutisse à une pointe, que lorsqu'elle a été de si courte haleine que l'oiseau ait pu y employer toutes ses forces.

Cela ne peut guère arriver après des carrières de longue haleine, parce que, dans un pareil cas, l'oiseau guidé par un inſtinct toujours infaillible , ménage ſes forces & ſa doſe d'haleïne , en ne donnant à ſes aîles qu'un mouvement régulier par oſcillations égales , ce qui n'imprime pas une projection aſſez ſurabondante pour produire un pareil élan.

Au lieu que ne s'agiſſant que d'une entrepriſe de courte haleine , & pour ainſi dire d'un coup fourré , il met en activité tout ce qu'il poſsède de forces vitales ; & au lieu de manier ſes aîles par oſcillations régulières , il leur donne tout le jeu dont elles ſont ſuſceptibles , battant avec la plus grande force , mais par intervalles ; chaque battement projecte l'oiſeau , par le double reſſort dont on a déjà parlé , à d'aſſez grandes diſtances pour qu'un petit nombre de battemens fourniſſe avec ſurabondance d'impreſſion à la carrière dont il s'agit ici ; l'aile pendant ces élans eſt plus arquée que pendant les oſcillations régulières. On la voit même alterner peu ſenſiblement du plus au moins de repliement. C'eſt de la ſuppreſſion ſoudaine du mouvement imprimé , que réſulte la pointe , laquelle ſera plus ou moins relevée que la projection aura été plus véhémente. Voyez *Pl. V* , *fig.* 3.

Cette manière de voler par élans ou ſaccades a lieu quand le rameur ſe propoſe de faire une eſpèce de ſurpriſe , dans un court eſpace , ſur des oiſeaux qui traverſent horiſontalement les airs , & ne ſont pas enclins à monter verticalement , ſoit à s'élever comme des voiliers. On verra dans cet autre Ouvrage , dont ce Précis eſt l'avant-coureur , pluſieurs exemples de cas pareils , & de quelles eſpèces il doit être queſtion.

CHAPITRE XI.

On a vu jufqu'ici quels font les moyens des oifeaux de proie, pour atteindre leur objet. Il va être queftion des moyens qu'ils ont pour le faifir, l'abattre, le contenir, & le mettre à mort.

Moyens des Rameurs.

Ils faififfent, ou pour parler le langage de l'art, ils lient ou mettent à la main la proie qui eft plus légère que vîte. Ils frappent la proie qui eft plus vîte que légère; par ce moyen ils l'affoibliffent, la ravalent ou l'affomment.

Les mains fines & déliées des rameurs ont bien affez de force pour retenir les plus grands oifeaux; mais elles ne font pas faites pour tuer la proie par compreffion. On a vu, *Planche I.* que les pouces de la main liante ne diffèrent pas bien fenfiblement des autres doigts, foit en épaiffeur, foit en longueur. C'eft dans le bec que réfide le moyen de tuer promtement une proie trop forte pour être long-tems contenue vivante. Ce bec eft dentelé. La dentelure embraffe & affujettit les vertèbres, la force les brife avec aifance, & peut même caffer les os des plus grands oifeaux. Certaine adreffe d'inftinct fait que ces oifeaux attaquent à l'inftant la place fatale qui, chez les volatils eft au creux de l'occiput, & chez les quadrupèdes entre l'épaule & les côtes.

Les plus petits des rameurs font ceux qui tuent le plus vite, probablement parce que la proie trop forte pourroit leur échapper, ou leur donner trop de peine à contenir en vie. Les émérillons touchent à peine à la place fatale que la mort s'enfuit dans l'inftant. Peut-être qu'en état de nature tous les oifeaux de proie en font de même; & cela convient aux fins probables de la nature ; favoir qu'un facrifice néceffaire foit le moins cruel qu'il fe puiffe,

Le rameur frappe non-feulement quand la proie eft vite; mais encore quand elle lui paroît trop forte pour être contenue par fes mains liantes. Pour frapper ou affommer, fa main fe difpofe de manière à n'agir que par la direction & l'impulfion de la perfonne entière de l'oifeau. C'eft comme agiffoit la faulx des chars armés en guerre. L'ongle du talon, qui eft la faulx dans ce cas, eft paffivement dirigée fur la partie fatale, autant que faire fe peut, finon par-tout ailleurs, & il déchire, brife & meurtrit tout ce qu'il atteint. Un accident qui arrive quelquefois aux oifeaux en frappant le lièvre, a fait connoître quel eft l'organe frappeur. L'ongle du talon s'accrochant à la peau du quadrupède, la paffade eft rompue, & l'oifeau culbute, au rifque de fe bleffer, de fe tuer même affez fouvent.

On pare à cet inconvénient en émouffant les ongles des talons aux oifeaux pour lièvre. Dès-lors plus d'accident pareil. Averti par cette épreuve, que l'ongle du talon eft l'organe frappeur, on a pu voir, malgré la viteffe des paffades, les deux mains ouvertes, appuyées ou adoffées aux côtés charnus de la quille, foit poitrail de l'oifeau, qui lui fervent comme de couffinets propres à amortir le coup, & l'oifeau, ainfi difpofé, fe porter fur la proie avec toute l'adreffe dont il eft capable, c'eft-à-dire, en faifant fes paffades les plus rafantes & les plus applaties qu'il fe puiffe : trop arrondies ou trop plongeantes, il rifqueroit de s'écrafer lui-même contre terre en portant à faux ; & c'eft de ces mefures, qu'il prend en pareil cas, qu'il fera parlé amplement dans un Ouvrage plus étendu.

CHAPITRE XII.

Moyens des Voiliers faillans pour faifir leur proie.

CES oifeaux font remarquables par leur adreffe à faifir leur proie ; ils ne frappent pas, fi ce n'eft accidentellement, leur grand moyen c'eft de faifir & d'offenfer enfuite leur proie par compreffion jufques à la mort. Quand ils ont faifi un liévre, ils gagnent vîte le col, qu'ils embraffent tout entier dans une de leurs ferres, & ils l'étouffent à force de ferrer. Le bec n'eft pas leur organe meurtrier, la pointe fans crochets, déchire les peaux & les chairs & ne caffe les os que lorfque bien découverts elle les affujettit dans fa courbure. Dans le fourré le plus épais, ces oifeaux faififfent leur proie avec une adreffe dont on ne fauroit fe faire une idée, même après en avoir été cent & cent fois les témoins. La longueur des cuiffes & des jambes paroît avoir cette caufe finale, auffi voit-on que ceux qui excellent dans le fourré, font ceux qui font dans ce cas.

De l'organe de la vue chez les Oifeaux de Proie.

Si l'on fe preffoit d'accueillir une raifon très-fpécieufe,

de

de la différence entre les yeux des deux genres ; dont
les uns font totalement bruns & paroiffent d'un beau noir
fans diftinction de prunelle , les autres en général affez
clairs pour que la prunelle foit très-marquée & dans plufieurs efpeces plus clairs & la prunelle plus marquée encore.
On décideroit la caufe finale , en difant ; que les premiers devant chercher & conferver la vue de leur proie
dans l'efpace éblouïffant des airs , il leur falloit comme
aux obfervateurs du foleil un verre bruni , & que les derniers devant découvrir du plus haut des airs les plus petits
objets fur la terre & dans l'ombre des halliers les plus
épais , il leur falloit un organe lumineux par lui-même ;
mais que dire de la couleur noire des yeux d'une des
efpeces d'oifeaux nocturnes, qui ne paroît pas avoir rien
à faire dans l'efpace éblouïffant des airs. Voilà donc un
hypothèfe étouffée en naiffant , ce qui fait voir qu'il ne
faut pas fe preffer d'affigner des caufes finales. Quant à
l'excellence de l'organe, en obfervant les efpèces timides,
on voit qu'elles apperçoivent leur ennemi à des diftances
qui paroiffent égales à celles d'où l'ennemi les apperçoit.
On peut cependant en comparant la tâche des uns & des
autres , refter dans la perfuafion de la fupériorité des
oifeaux de proie , à cet égard comme à beaucoup d'autres ; car les efpèces timides n'ont à faire que voir de puis
terre & du fonds des halliers , des objets ifolés dans les

G

airs & dont les aîles étendues triplent & quadruplent la furface.

Ce que l'on fait de certain, c'eft que les oifeaux de haut vol, dont les yeux font toujours couverts par un chaperon, apperçoivent à l'inftant même qu'on les décha-peronne, non‑feulement l'objet le plus noyé dans l'ef-pace lumineux des airs, mais encore fon genre & fes difpofitions naturelles à faire telle ou telle défenfe. Que fur un nombre d'objets auffi peu fenfibles, l'oifeau de haut vol fait promtement un choix & ne change plus, quoique puiffent faire tous ces oifeaux en fe mêlant en-femble. Item, que des oifeaux de baffe volerie, du poing de leur maître, vont prendre au loin dans la plus grande obfcurité des forêts, foit des oifeaux qui circulent avec vîteffe fous les plus épaiffes touffes de buiffons; par exem-ple des râles de genêt, foit des quadrupèdes pour peu que le mouvement les rende perceptibles tels que des lapins.

En un mot on a chaque jour plus de fujets de s'éton-ner de la force & de la fineffe de la vue des oifeaux de proie, mais il faudroit par des expériences faites, fur des données, déterminer avec précifion la prééminence d'un genre fur un autre à ce feul égard. Il faudroit s'y prendre de la même manière à tous les autres égards, & l'on recueilleroit le fruit de fes peines ; non, parce que l'on connoîtroit à fonds ce dont on s'eft très-bien

paſſé juſques à préſent , mais parce que cette connoiſſance mène à d'autres plus eſſentielles.

CONCLUSION.

On a élagué ce précis de toutes les variantes que peut
comporter chaque poſition. Ces variantes feront la matière
d'un ouvrage deſtiné uniquement aux amateurs de cette
branche d'Hiſtoire Naturelle.

On peut ſeulement dire ici , que tous les changemens
dans les diſpoſitions , qu'exigent des circonſtances parti-
culières , tendent conſtamment à remettre les entrepriſes
dans la poſition régulière.

On ſait combien de combinaiſons on peut faire de ſept
tons muſicaux , il en eſt à-peu-près de même des données que je viens d'expoſer. C'eſt ce dont on pourra ſe
convaincre beaucoup mieux par l'expérience , que par la
théorie la plus ſavante en ſpéculation.

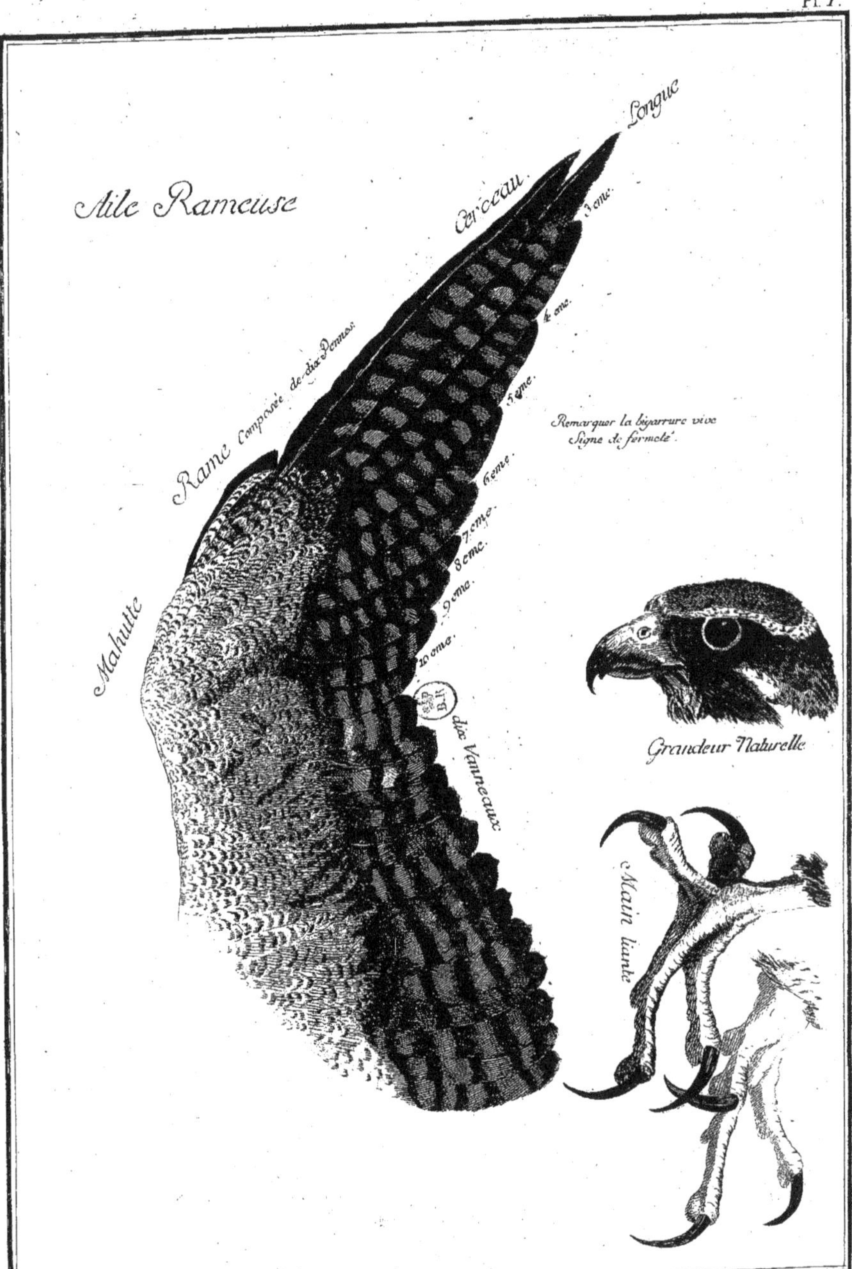

Cette Aile est d'un *Faucon* très-réduite.

Cette Aile est d'un Milan, le plus léger des Voiliers communs.

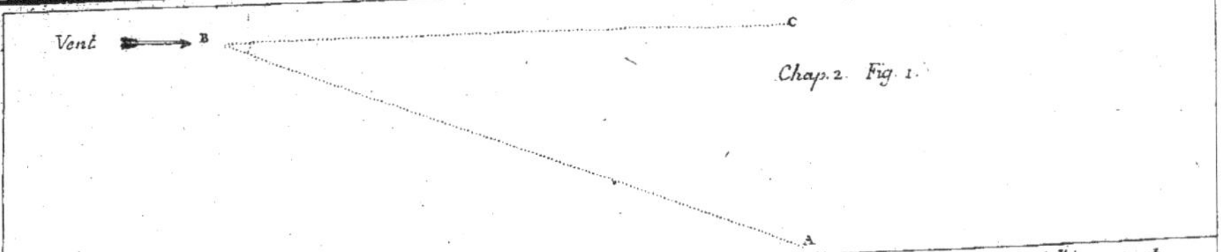

Vent. → B · · · · · · · · · · · · · · · c

Chap. 2. Fig. 1.

A

C. Point donné au Zénith du point A. B. Point que le Rameur doit atteindre pour arriver au point donné C. A. Station d'où l'oiseau part.
AB. Carriere. BC. Degré que l'oiseau parcourt vent arriere, et d'une vitesse au moin triple de celle de la carriere AB. soit dit par approximation.

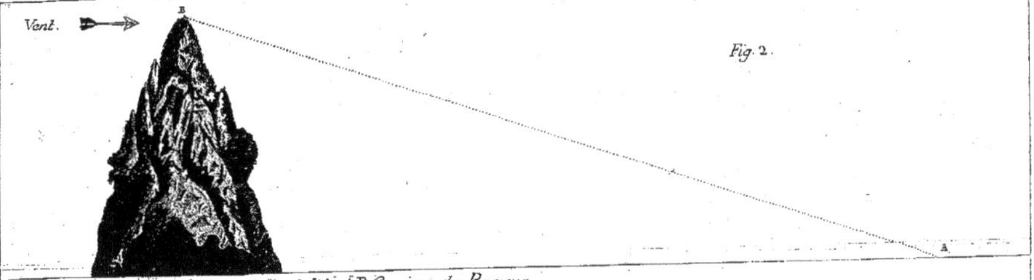

Vent. →→ B

Fig. 2.

A

B. Point fixe, supposé le sommet d'un Solide. AB. Carriere du Rameur.

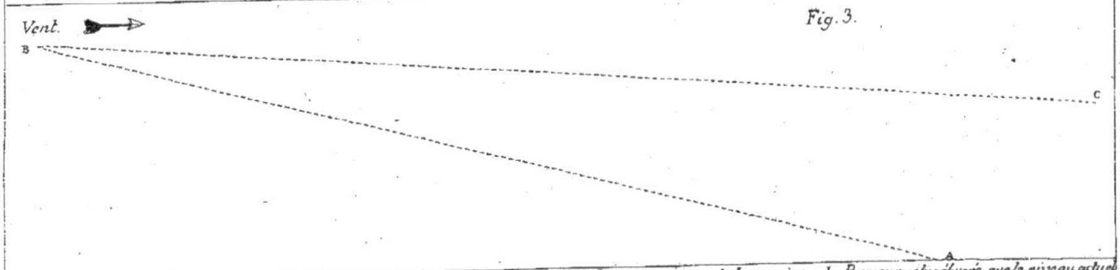

Vent. →→

Fig. 3.

B

c

A

C. Point donné mobile, soit la Proie s'éloignant toujours plus du Zénith sous le vent. B. Terme de la carriere du Rameur, plus élevée que le niveau actuel de la proie. BC. Decente peu rapide, mais dont la vitesse doit être au moins double de celle de la course horizontale avec le vent, ci-dessus arbitré.

i

Fig. 4.

f · · · · · · · g

d · · · · · · · e

b · · · · · · · c

A

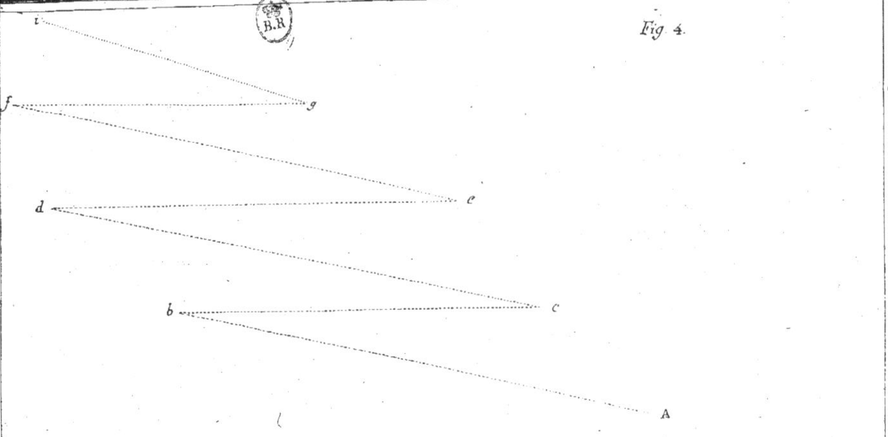

A b. Carriere. b c. Degré. c d. Carriere; aussi du resté. On peut se figurer le Second cas, sans que je le trace.

B. Point fixe; le même que dessus. A B. Route par bordées.

I. Degré de hauteur auquel se porte avec aisance et sans trop dériver, si le tems est calme, l'oiseau voilier. I. B. Plongée au point donné.

Chap. 4. Fig. 1.

C. Premier tems du Voilier. cc. Second tems. A B Carrière mesurée sur le premier tems. E D Carrière mesurée sur le Second tems. cc.

Chap. 5. Fig. 1.

Ce signe exprime l'esquivade; le corps du Voilier est marqué par le rond qui est au bout du signe. A. Point d'où part la descente. B. Point où l'oiseau de secours du côté faible, pour ne être emporté, et d'où il tenteroit peut-être vainement de regagner l'avantage par ses efforts, cependant la Proie mettroit le tems à profit, et seroit libéré de la poursuite actuelle.

A. Point d'où part la descente. A x. Ressource. ～～ Esquivade. L'oiseau reporté en x. Sans effort de sa part, l'est si promtement qu'il trouvera en récidivant Sa proie à peu près au niveau où il l'a laissée.

Le Pigeon se trouvera en cc. son Second tems; que le Faucon parti de A sera à peine parvenu en B, et perdra du tems s'il veut gagner le dessus au point requis par une Carrière pénible; pendant que le Pigeon détalera de l'niveau.

Le Faucon parvenu en B. ménage sa descente pour couper en L le Pigeon qui sera tenté de filer Sur l'Arbre M.

Le Pigeon parvenu en cc. Son second tems; ne filant pas encore, le Faucon fait Semblant de fondre Sur un autre objet. Sa descente produit la ressource en x. d'où il Se retourna Soudain pour descendre et couper en L.

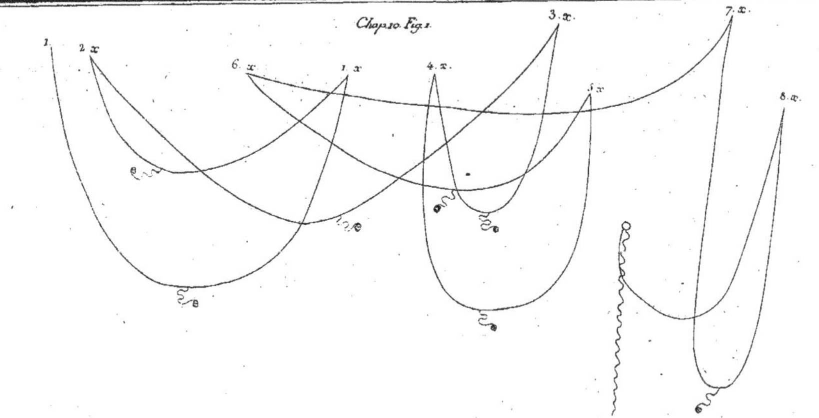

1. Saut montant si prompt qu'il échappe à la vue. 2. Saut horizontal, de même. 3. Saut plongeant d'une Station peu élevée par exemple, du poing d'un homme à Cheval ce Saut porte plus loin que les deux premiers; il est aussi plus assuré, Sa vitesse est due à la descente 3.o d'où naît la ressource o x la quelle ressource si elle fut partie du point M supposé le milieu d'une courbe régulière eût été moins vive attendu qu'il n'y eût pas eu de 3 en M autant de force accumulée qu'il y en a de 3.en.o. Ainsi du Saut 4.o.x qui partant de plus haut, par exemple, d'un petit Arbre, porte plus loin que le précédent.

Au reste, le Saut plongeant peut porter plus haut que le point d'où il part, et cela dépend de la dose de forces accumulées dans la partie de la courbe qui plonge.

Les chiffres aideront à suivre le conflict; la prise est exprimée par un o sur chiffre et par la chute à plomb. Les Esquisades sont exprimées par le Signe déjà connu.

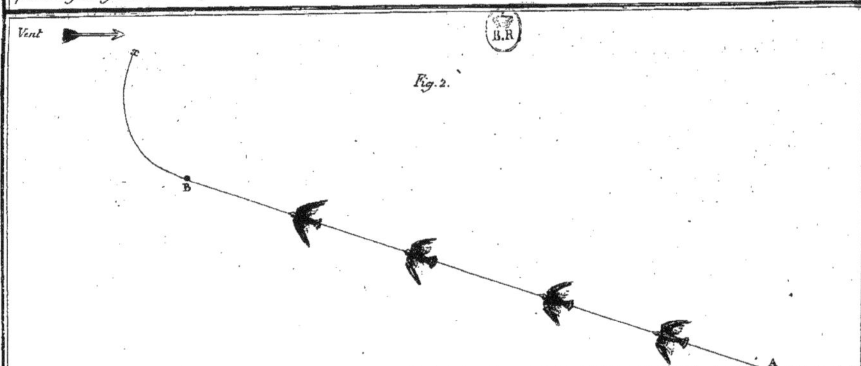

A.B. Carriere fournie par Elans ou Saccades. B. x. Pointe. On voit ici que quatre Saccades ont suffi pour projecter l'oiseau jusques en B auquel point il arrête sur coup, Supprime ou Comprime les forces mises en activité; les quelles n'étant pas toutes employées dans ce court espace, s'emploient passivement de B en x.

Haute Volerie.
Haute Volerie.
Basse Volerie.
Haute Volerie.
Gerfaut blanc, à l'Ecole du Chaperon.
Faucon Hagard dans le Jardin.
B.R
Basse Volerie.
Autour Hagard.
Autour.
Epervier.
Haute Volerie.
1. Gerfaut d'Islande. 2. Gerfaut de Norvege. 3. Tiercelet d'Islande. 4.4. Sacre où Lanier. 5. Faucon Sor. 5.e Tiercelet de Faucon Moricaud. 5.e Tiercelet Hagard. 6. Alethe. 7. Cresserelle.
8.8. Hobereaux. 9.9. Emerillons. Basse Volerie. a.a. Grands Autours Suisses, nommez en Allemand Stockhabichte. b. Autour Sor. b.e Autour Hagard. d. Epervier.

9 782019 226633